应急
避险

防灾应急避险科普系列

校园应急避险手册

《校园应急避险手册》编写组 编

中国城市出版社

图书在版编目（CIP）数据

校园应急避险手册 /《校园应急避险手册》编写组编．—北京：中国城市出版社，2023.4
（防灾应急避险科普系列）
ISBN 978-7-5074-3601-3

Ⅰ.①校…　Ⅱ.①校…　Ⅲ.①安全教育—普及读物　Ⅳ.①X925-49

中国国家版本馆 CIP 数据核字（2023）第 067271 号

责任编辑：毕凤鸣　刘瑞霞
责任校对：董　楠

防灾应急避险科普系列
校园应急避险手册
《校园应急避险手册》编写组　编

*

中国城市出版社出版、发行（北京海淀三里河路 9 号）
各地新华书店、建筑书店经销
华之逸品书装设计制版
天津图文方嘉印刷有限公司印刷

*

开本：880 毫米 ×1230 毫米　1/32　印张：2　字数：41 千字
2023 年 4 月第一版　2023 年 4 月第一次印刷
定价：**25.00** 元
ISBN 978-7-5074-3601-3
（904625）

序

Preface

我国是世界上自然灾害最为严重的国家之一，灾害种类多，分布地域广，发生频率高，造成损失重，这是一个基本国情。特别是随着全球极端气候变化和我国城镇化进程加快，自然灾害风险加大，灾害损失加剧。我国发展进入战略机遇和风险挑战并存、不确定和难预料因素增多的时期，各种“黑天鹅”“灰犀牛”事件随时可能发生。可以说，未来将处于复杂严峻的自然灾害频发、超大城市群崛起和社会经济快速发展共存的局面。同时，各类事故隐患和安全风险交织叠加、易发多发，影响公共安全的因素日益增多。

“人民至上、生命至上”是习近平新时代中国特色社会主义思想的重要内涵，也是做好防灾减灾工作的根本出发点。我们必须以习近平新时代中国特色社会主义思想为指导，坚定不移地贯彻总体国家安全观，健全国家安全体系，提高公共安全治理水平，坚持安全第一、预防为主，建立大安全大应急框架，完善公共安全体系，推动公共安全治理模式向事前预防转型。

要防范灾害风险，护航高质量发展，以新安全格局保障新发展格局，牢固树立风险意识和底线思维，增强全民灾害风险防范意识和素养。教育引导公众树立“以防为主”的理念，学习防灾减灾知识，提升防灾减灾意识和应急避险、自救互救技能，做到主动防灾、科学避灾、充分备灾、有效减灾，用知识守护我们的生命，筑牢防灾减灾救灾的人民防线。这不仅是建立健全我国应急管理体系的需要，也是对自己和家人生命安全负责的一种具体体现。

综上所述，我们在参考相关政策性文件、科研机构、领域专家和政府部门已发布的宣教材料的基础上，借鉴各地应急管理工作实践智慧和国际经验，充分考虑不同读者的特点，分别针对社区、家庭、学校等读者对象应对地震灾害、地质灾害、气象灾害、火灾等，各有侧重编写了相关的防灾减灾、应急避险、自救互救知识。可以说，本次推出的“防灾应急避险科普系列”(6册)之《社区应急指导手册》《家庭应急避险手册》《校园应急避险手册》《地震避险手册》《洪涝避险手册》《火灾避险手册》是为不同年龄、不同职业、不同地域的读者量身打造的防灾减灾科普读物，具有很强的科学性、针对性和实用性，旨在引导公众树立防范灾害风险的意识，了解灾害的基本状况、特点和一般规律，掌握科学的防灾避险及自救互救常识和基本方法，提高应对灾害的能力，筑牢高质量发展和安全发展的基础。

2023年4月

前 言
Foreword

随着我国经济社会的快速发展和自然灾害风险进一步加剧，学校安全面临的不稳定因素逐年增多。一方面，极端天气趋强趋重趋频，重特大地震灾害风险形势严峻复杂。自然灾害、事故灾难、社会安全事件等突发事件每时每刻都在威胁着中小学生的身体健康和生命安全。另一方面，中小学校办学规模不断扩大，在校生数量成倍增长，校园中的活动空间被明显收缩，校园周边环境改造升级，人流车流激增，这些都直接导致校园安全面临日益突出的威胁与挑战。

开展校园防灾减灾宣传教育是提升公众减灾意识、加强国家综合防灾减灾能力的重要内容。只有重视打基础，才能切实管长远。实践经验表明，建设平安校园要深化校园应急避险管理，在安全应急教育宣传上下功夫。根据不同时期突发事件特点大力宣传普及应急知识，有针对性地开展灾害预防、应急避险、自救互救、心理疏导等方面的技能教育，提高学生安全意识和应急救护能力。学校及时了解社会安全动态，分析校园安全情况，制定校园安全防范措施，不断加强周边安全环境治理，营造安全和谐的校园环境。还要在形成齐抓共管合力上下功夫，坚持学校、家庭、社会相融合，积极整合各方力量，提供安全应急保障，共建“平安校园”。

《校园应急避险手册》立足我国城乡校园实际，吸收防灾减灾救灾新理念，聚焦学校开展防灾减灾救灾新要求，针对学生成长特点和校园面临的主要灾害风险，重点阐述学生需要掌握的防灾减灾基础知识和基本避险技能，旨在助力学生了解灾害风险，全面提高防范应对能力，学会与风险共存。

本手册由董青、张宏、管志光编写，刘嘉瑶、红果绘图。希望本手册的编写能为增强公众减灾意识、提高全社会灾害风险防范能力做出贡献。

由于编者水平有限，书中难免存在疏漏和不足，敬请专家和读者批评指正。

编者

2023年4月

目　录

Contents

五 火灾

六 交通事故

七 急救常识

学校是减灾教育的摇篮

一

- 上好安全教育第一课
- 校园安全问题
- 让校园成为青少年身心健康的乐园

学校作为教书育人的圣地，是每个人成长的摇篮。同学们正处在长身体、学知识的大好时期，要珍惜学校的美好时光，不仅要学好语文、数学、英语等课程，还要牢固树立“珍爱生命、安全第一”的意识，认真学习防灾避险科学知识，积极参加学校组织的应急避险演练，做到人人讲防灾、时时讲安全，让安全伴随你健康成长。

（一）上好安全教育第一课

每年的9月，是一年一度的开学季。沐浴着清晨的阳光，同学们哼着小曲，怀着对新学期的美好憧憬与向往，又重新走进了校园。新学期安全教育依然最重要，因为安全不仅是我们快乐学习生活的前提，更关系到同学们一生的生命安全。因此，我们必须上好“安全教育”第一课，用知识守护生命。

同学们是祖国的未来、民族的希望，校园安全关乎同学们的生命安危，涉及千家万户的幸福。把学校作为安全的重点，建成最安全、让家长最放心的地方，是全社会的神圣职责。

在日本、美国等许多发达国家，学校都是灾害发生时社会公众的临时避难所，发生灾害时人们都会到学校避难。我国是世界上遭受自然灾害影响最严重的国家之一，灾害种类多、分布地域广、发生频率高、造成损失重，这是一个基本

安全教育第一课

国情。随着全球气候变暖，我国自然灾害风险进一步加剧，极端天气趋强、趋重、趋频，重特大地震灾害风险形势严峻复杂，灾害的突发性和异常性愈发明显。同时，各种公共服务设施、超大规模城市综合体、人员密集场所、高层建筑、地下空间、地下管网等大量建设所导致的安全风险隐患日益凸显。党中央、国务院把维护公共安全摆在更加突出的位置，将公共安全作为最基本的民生。习近平总书记多次作出重要指示，要进一步加强校园、社会少年儿童安全防护工作，这充分体现了党中央对校园安全问题的关切与关怀。

学校是人员密集、建筑集中的地区。学校学生少则几百人、多则几千人，同学们的年龄不同，对灾害的心理承受能力、应急反应能力也不尽相同。一旦发生灾害，有的盲目避灾，造成混乱疏散；有的发生拥挤，造成踩踏事故。防范学校的灾害风险，做好学校的常态化减灾工作，我们的各级教

加强校园安全防护工作

育、科技、防灾等有关部门，应充分发挥作用，按照“预防为主”的方针，及时消除学校安全隐患。一方面要尽可能避免风险事件发生，必须将风险管理的关口前移，全面识别风险，排查风险隐患，及时发布风险预警，主动防范风险。做好学校的常态减灾工作，实现灾害应急疏散演练常态化；另一方面，在学校安全教育中增加安全教育的内容，为广大师生在安全教育中的角色进行定位，提升师生参与安全教育的积极性，从而有效保护师生们的人身安全。

（二）校园安全问题

- 自然灾害影响造成的安全问题。近年来，我国极端天气气候事件呈多发重发趋势，强降水事件增多，登陆台风偏多偏强，极端高温事件增加，特别是地震处于活跃态势。自然灾害频发多发为校园防灾减灾提出了更高的要求，如何让学生认识灾害、认知风险、掌握防灾避险技能，成为目前学校安全教育的巨大挑战。

● 消防安全问题。学校作为人群高度聚集的场所，以教学楼、食堂、学生宿舍等场所为消防安全重点管理区域。例如，室内吸烟、违规使用电器、消防设施配备不全、建筑内的线路老化等都会造成消防安全隐患，一旦出现消防问题，后果不堪设想，学校管理者对此要高度重视。

● 交通安全问题。如果对校园内的车辆管理不善，容易引起交通安全问题。很多学校的出入口就是交通要道，学生在进出校门时常常会穿过这些交通要道，如果学生的自我防护意识及观察不到位，就很容易出现交通安全问题，严重时还会造成人员伤亡。

● 学生心理问题引发的安全问题。由于教育制度不断改革，使学生学习压力加大，家长、老师过高的期许对学生来说也是一种无形的压力。由于学生阶段的认知水平有限，对于精神压力等不能自主疏导，如果外界不加以引导、疏导，学生很容易产生心理问题，并发展成为精神疾病，严重时还会造成校园安全事件。

学生是祖国的未来，通过加强校园公共安全教育，培养学生的安全意识、知识和技能，提高学生面临突发安全事件自救互救的应变能力，对于提高我国整体国民的安全意识和自救互救能力必将产生深远的积极影响。一是学校要在学科教学和综合实践活动课程中渗透公共安全教育内容；二是利用班、团、校会，升旗仪式，专题讲座，墙报和板报，参观和演练等多种形式，帮助学生系统掌握公共安全知识；三是通过游戏、模拟、活动、体验等主题教学活动和丰富校园文化开展安全教育；四是学校通过与应急管理、地震、气象、公安、交通、卫生等部门，以及与家庭和社会共同联合开展形式多样的公共安全教育。

家校社同发力，守护中小学生安全

让校园成为青少年身心健康的乐园

灾害不仅造成严重人身伤亡和财产损失，更对心理造成冲击。学生的心理、认知与行为水平均处于发展阶段，在遭遇重大突发性灾害后其心理和行为的应对能力很可能会受到重大影响。因此促进灾后学生心理重建与恢复，了解灾后学生的心理行为问题并进行多方位的干预，是目前减轻学生在灾害中受伤害的重要工作。

1.校园安全隐患的排查与处置

排查灾害风险隐患是增强学校抵御灾害能力的重要保障。通过排查学校灾害隐患，不仅可以了解学校在抵御灾害风险方面存在的漏洞，更有针对性地加强学校防灾能力建设，同时也

排查校园灾害风险隐患

便于学校管理部门在灾后及时掌握灾害信息，作出相应的部署，降低灾害造成的损失。

● 校园、校舍常见隐患。学校本身处于事故或自然灾害多发、频发地区，以及易受地震、滑坡、泥石流、台风、洪水、火灾等破坏的校园危房。因此，要针对房屋的类型、建筑年代、易损级别等进行排查，要将脆弱建筑的管理落实到责任人。

校舍建设年代久远、老化严重。很多学校已有几十年甚至上百年历史，相应地很多教学楼也即将达到或已经达到使用年限，但仍在使用。这类房屋的耐久性和安全性都大大降低，使用功能受到影响且存在较大安全隐患。

部分校舍设计不合理。根据国家的抗震标准，部分校舍达不到抗震设防要求；部分校舍存在屋面漏雨、门窗破旧等现象；有的校舍基础、墙体、屋架等承重结构部件不符合建筑设计规范，存在结构性缺陷：部分学校空间比较狭小，导致楼道狭窄、教室拥挤、操场等存在安全隐患。

学生数量超过教室人员承载力。由于学生人数增多、部分教室变更用途等因素，使得教室人数超过教室本身承载力，这也为校园安全埋下隐患。

● 校园应急方案设计。预先设计制订符合本校情况的校园灾害应急预案。以灾害风险评价为依据，考虑法律法规、学校地理环境、校园内部设施、校园灾害史与地方灾害史、相关技术因素及人员等因素，依照灾害类别，由防灾、备灾、应急、恢复四阶段依序撰写各阶段详细内容，校园灾害应急预案拟定后，结合全校师生的应急演练，检验该应急预案的可行性与适应性，及时发现问题并妥善解决。

综合应急预案：整体阐述事故的应急方针、政策、应急组织结构及相关职责、应急行动、措施、保障等相关要求与流程。

专项应急预案：针对某一具体事故或灾害类别，按照应急预案的要求与流程进行拟定，可作为综合应急预案的组成部分。

现场处置方案：针对具体的场所、设施、岗位、某一装置等指定应急处置措施。现场处置方案应根据风险评估及危险性控制措施逐一编制，做到一事一岗、人员专业，并能够在突发事件发生时做到迅速、正确、有效处置。

应急预案内容：总纲、基本情况、灾害风险与应急救助资源的分布与配置、灾害应急救助机构、事故或灾害预警和预防机制、应急响应措施以及灾后保障措施。

应急预案编制：收集和整理学校相关信息，绘制灾害风险与应急救助资源分布图，建立灾害应急救助机构，对灾害应急救助进行分级并制定启动标准，对灾害

设计校园应急方案

应急救助的职责进行分工。

2.灾后心理疏导与心态调整

灾害发生时，受灾学生往往因心理年龄不成熟、无助和无法面对而感到惶恐不安，产生心理挫折，从而引起一系列异常的生理和心理反应，如心跳加速、血压升高、难以入睡、食欲和消化减弱、冷漠、反应迟钝、头痛、背痛、胸闷、胸口疼痛等，同时往往伴有恐惧、焦虑、烦躁、消沉、抑郁、自卑、记忆力下降等，严重者甚至会产生敌对、酗酒、吸烟、药物依赖等不良行为。

创伤后应激障碍指个体经历、目睹或遭遇一个或多个涉及自身或他人的实际死亡、受到死亡的威胁、严重的受伤等，或躯体完整性受到威胁后，所导致的个体延迟出现和持续存在的精神障碍。一般有焦虑、恐惧、抑郁、愤怒等负面情绪。

创伤事件后出现行为有：对创伤事件反复和强迫性地痛苦回忆；关于创伤事件反复而痛苦的噩梦；行动上或者感觉上好像创伤事件会再次发生；面对某些类似的创伤事件片段或受到暗示时，会产生生理反应或强烈的心理痛苦。

对创伤刺激的持续性回避和对一般事物的反应麻木（符合以下3项或3项以上）：回避有关创伤事件的想法、感觉或谈论；不能回想起有关创伤事件的核心方面；对重要活动的兴趣和参与显著减少；产生与他人分离或疏远的感觉；情感衰退；感觉对未来没有希望。生理方面症状有：肠胃不适、食欲下降、头痛失眠等。症状持续时间超过1个月。

● 提高认识，科学对待心理干预。灾害发生后，教师必须明白所面对的学生很可能因为受灾而心理已经发生了巨大的变化，所以一定要引导学生对灾害有正确的认识。让学生明白灾害既然已经发生，必须正确对待，只有学生正确认识了灾害，重拾了信心，才能真正找回自我，也才能全身心投入学习。

● 调整心态，教师积极进行自我心理教育。灾害发生后，不仅仅是学生会出现各种心理及行为上的不良反应，教师自身也会出现各种困惑、不安，要想帮助学生走出心理阴影，教师必须先调整好自己的心态。积极进行调整和放松，接受专业心理工作者的心理引导，参加各种灾后心理干预活动。然后把所学及时运用到教学和各种与学生有关的活动中，和学生一起减轻烦恼和悲痛。只有这样，教师才能早日走出灾后阴影，也才能给学生一片光明和温暖。

● 全面了解学生，准确把握学生心理。每个学生的性格、生长环境、心理想法都不相同，所遭受的灾害程度也不一样，对灾害的接受程度也不相同。作为教师，此时要密切关注学生，特别是平时性格敏感细腻的学生，及时发现心理或行为异常的学生，了解其家庭受灾情况，通过与家长及平时较好的同学了解该学生的近期生活和学习状态，与学生家长一起有的放矢地与学生交流、开导学生，准确、正确把握学生心理。

● 引导学生直面现实，敢于面对挑战。当学生压抑的感情得以宣泄后，教师也应采用合理的方式及时引导学生正面现实，正视当下的困难，鼓励他们逐渐走出灾后创伤的阴影，树

校园环境一角

立起勇于面对现实与困难的信心。

● 传递乐观与信心，激发生活的新动力。心理重建的另一个重要内容就是恢复孩子的内在力量，让他们恢复学习、正常生活的信心与功能，对未来依然抱有美好的向往。教师要善用豁达的心态影响他们，用乐观的情绪感染他们，用美好的事物吸引他们。同时也要发现学生身上的闪光点，及时地给予鼓励与夸奖，让学生能够看到光明与希望，发现自身价值，逐渐将灾害造成的伤痛转化为前行的力量，重新扬起生活的风帆，为实现目标与美好的未来而努力奋进。

● 用爱融化学生心中的坚冰。灾害发生后，生活的突变可能会给学生心理带来打击，甚至会使学生变得无所适从，严重者会产生自闭等各种复杂心理和异常行为。此时学生可能需要倾诉对象，教师也应耐心倾听他们讲述自己的故事和内心的想法，帮助他们缓解焦虑与恐惧，抚平他们受伤的心灵。

地震灾害

- 地震来了别害怕
- 地震发生时怎样避险
- 自救与互救

地震，是人类面临的一种主要自然灾害，大的地震往往造成严重的人员伤亡和财产损失。地震所导致的大部分伤亡是因建筑物坍塌受损、建筑构件或建筑内物品跌落或破裂、灾后未采取科学有效的防范措施而造成的，次生灾害也是造成伤害的重要因素。学校要坚持以防为主，加强防震减灾知识教育，加大应震避险技能培训，提高防范地震灾害风险的意识，建设安全校园。

（一）地震来了别害怕

根据历史地震的经验教训，结合学校建筑物的抗震能力、同学们所处的位置和体能、室外环境等情况，提出了“就近避震”的原则和一些方法。同学们要因地制宜，沉着冷静，灵活采取行动。

一般来说，能跑则跑、不能跑则躲，要跑得及时、躲得科学。无论是“跑”还是“躲”，既要因地制宜，又要因人而异，综合考虑建筑物的抗震能力、室外环境等因素，瞬间作出决定，切不可犹豫不决，以免错过最佳避震时机。

跑得及时。地震时你如果在一、二层楼房的室内，而且楼房的抗震能力较弱，可迅速跑到室外的安全区域。如果在户外，应第一时间跑到空旷的地方，避开容易倒塌的高大建筑物，注意远离玻璃幕墙、电线杆以及其他高空悬挂物。要用随身的物品保护好头部，防止被高层坠落的东西击伤。

地震时，要跑得及时、躲得科学

躲得科学。如果在室内，房屋符合抗震设防要求的话，目前公认的避震原则是“震时就近躲避，震后迅速撤离”。因为地震时建筑物整体垮塌的可能性较小，即使在大地震中彻底垮塌的建筑物也是少数，绝大多数建筑物只是遭受不同程度的破坏，损而不塌。在这种情况下，室外坠落的建筑物构件、装饰品，才是对生命最大的威胁，如果震时盲目地跑出去，反而容易被坠落物砸伤。事实上，在破坏性地震发生时，剧烈的晃动会导致人们站立困难，快速跑动更是难上加难。所以震时先躲避起来，在晃动停止后迅速撤离才是明智之举。

目前，国际上倡导的防震避险姿势和做法是“伏地、遮挡、手抓牢”。这个口诀教导大家，在地震来临时要就近躲在桌子等坚固物体下边，用手或软物保护好最脆弱的头颈部，并牢牢抓住坚固物体，这样就会在晃动过程中保持与固定物体的相对静止，从而起到遮挡保护的作用。因为在地震中，人们移动的距离越远、时间越长，在途中受到各种杂物袭击的危险性越大。如果没有坚固的家具，应迅速贴紧内承重墙（指支撑着上部楼层重量的墙体）蹲下，同时保护好头部，注意避开外墙、窗户、阳台。

（二）地震发生时怎样避险

破坏性地震过程十分短暂，强烈震动时间一般只有十几秒到一两分钟左右。这个时候，人们所处的环境、状况千差万别，应急避险方法也应有所区别，最重要的是在感到晃动的一刹那间，就要沉着冷静地做出抉择，迅速采取避震措施。

地震发生后，如果收到预警信息，一定要保持沉着冷静，根据预警信息所提示的可能遭受的地震烈度等级，结合当时所处的环境，采取相应的措施。

● 如果发生地震时你在室内，切不可盲目外逃，更不可跳楼，要按就近躲避法避险。在教室、图书馆，要就近躲避在书桌旁边或下面，采取蹲下姿势，用双臂或书包等物品保护好头部，远离窗户。在礼堂、食堂、体育馆内，躲避在内承重墙的墙根、墙角，稳固的桌椅、排椅、运动器材旁边或下面。在宿舍，躲在小开间内，内承重墙的墙根、墙角，以及床等家具旁边或下边。若在教室、实验室用火、用电时，要立即灭火和断电，防止烫伤、触电和发生火灾。如果建筑物没有经过抗震性能鉴定，则按往外跑与就近躲避结合法避险。疏散时一定要听从老师的指挥，按照学校的应急疏散预案进行，切不可慌乱，造成拥挤或踩踏。

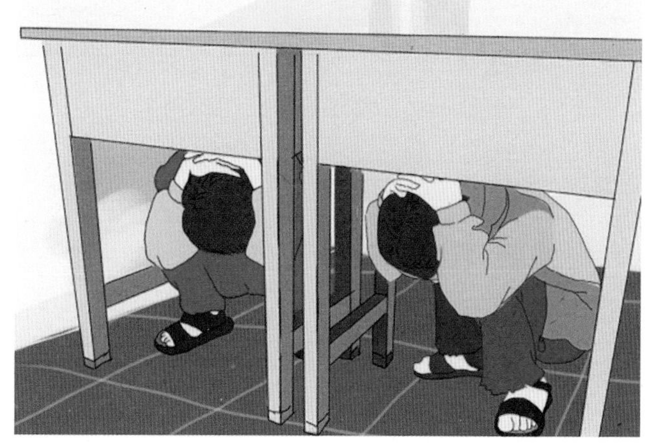

发生地震时在室内，按就近躲避法避险

● 如果地震发生时在室外，要用随身物品或双手保护好头部，避开人流，选择开阔地带蹲下。避开高大建筑物和危险地带，特别是有玻璃幕墙的楼房等；避开危险悬挂物，如变压器、电线杆、路灯等。不要返回室内，避免余震伤害。

地震发生时在室外，选择开阔地带蹲下

（三）自救与互救

如果地震时被埋压在废墟下，请坚定生存的信念，它是自救过程中创造奇迹的强大动力。要尽快稳定情绪，沉着冷静，千方百计保护好自己，尽力保存体能，设法让外界知道自己所在，等候救援。如有条件，可考虑实施自救以及互救。

● 扩大生存空间，确保呼吸畅通，这是自救的第一步。否则即使没有被砸伤，也容易因窒息而死亡。要弄清楚自己所处的环境，可以尝试着把手和脚从压埋物中抽出来，搬开身边可以搬动的碎砖瓦等杂物，扩大活动空间。如果身边的杂物被其他重物压住而无法挪开，千万别勉强挪移，以防进一步倒塌。要用湿毛巾、衣物等捂住口鼻，避免灰尘呛闷导致窒息及有害气体中毒等意外事故发生；要仔细观察周围有没有通道或者亮光，分析判断自己所处的位置，从哪个方向可以开辟通道逃离出去。

● 如果震后暂时不能脱险，应尽量减少活动量，保持体力。不要大声哭喊、勉强行动，尽可能控制自己的情绪。要坚信生命的力量，多坚持一会儿就多一分生存机会。要尽量寻找食物和水，如果一时没有饮用水，可用尿液解渴，因为尿液的成分中90%以上是水分，而蛋白质、氨基酸、尿激酶等物质含量极低。如果受伤，要尽快想办法止血，避免流血过多。

● 如果被埋压而又无法自行脱险时，要克服恐惧心理，充

如果地震时被埋压，坚定生存信念积极自救

分发挥自己的聪明才智，设法与外界取得联系，有效发出求救信号。仔细听听周围有没有人来回走动，当听到声音时，要尽量用砖、铁管等物敲击墙壁或管道（如有口哨可以吹哨子），以发出求救信号。如果与外界联系不上，则另寻其他方法脱险。埋压较深时呼喊作用有限，用敲击的方法可以把声音传到外面，是被埋压人员示意位置的有效方法。

● 互救是在救援队伍到达之前减少人员伤亡的最有效方法。震后灾区幸免于难的人员对其他被埋压人员进行互救，基本原则是时间要快、目标准确、方法得当。互救不仅需要热情，更要讲究科学。

地质灾害

滑坡、泥石流、崩塌都是常见的地质灾害，而且分布的地域广、造成的危害重，导致严重的人员伤亡，破坏城镇的各种工程设施、土地资源和生态环境等。20世纪初以来，随着社会经济的大规模发展，人类活动空间范围的逐渐扩展，加之重大工程活动对地质环境扰动程度的不断加剧，以及受到全球极端气候变化等因素的影响，滑坡、泥石流、崩塌灾害也随之加剧。地处地质灾害易发区的学校应高度重视地质灾害应急避险教育，防患于未然。

（一）滑坡的避险和逃生

滑坡是斜坡的局部稳定性受到破坏，在重力作用下，岩体或者其他碎屑沿一个或多个破裂活动面向下做整体滑动的过程与现象。我国的滑坡灾害十分频繁，灾害损失极为严重，尤其是中西部地区的城镇大部分处于这类灾害的包围之中。丘陵山区的学校一般随坡度不同的地势而建，突降暴雨或地震等因素，有时会造成突然的滑坡，如果防备不及时或者应对措施不力，严重危及师生们的生命安全，造成巨大人员和财产损失。

1.滑坡发生前通常会出现哪些征兆

斜坡前缘发生垮塌，出现明显裂缝，并且垮塌的边界不断向坡上发展，裂缝不断变长、变宽、变多，特别是当坡顶出

暴雨或地震，可能造成突然滑坡

现很宽的裂缝，并且裂缝明显错开时，滑坡就很有可能发生。

- 斜坡前部发生丘状隆起，顶部出现张开的扇形或呈放射状裂缝分布。

- 斜坡局部沉陷，山坡上到处出现坑坑洼洼、参差不齐的现象。

- 斜坡上建筑物变形、开裂、倾斜。

- 井水、泉水水质变得浑浊，水位突然发生明显变化，原本干燥的地方突然渗水。

- 泥土疏松、植被稀疏、坡度较大的山坡是最有可能发生滑坡灾害的危险区，平时一定要注意观察，小心警惕。

2.发生滑坡时应该如何躲避

要迅速判断滑坡的前进方向，查看自己所处位置是否有危险。逃生时不要顺坡跑，而应朝滑坡向两侧横向逃离，远离河岸和沟谷，寻找高处稳固的山坡或宽阔的平地躲避危险。

当遇到高速滑坡无法逃离时，不要慌乱，警惕地面塌陷，同时要防止被滚石、树木、建筑物和电线杆等砸伤。如滑坡呈整体滑动，可原地不动或抱住大树等物。

（二）泥石流的避险和逃生

泥石流是指由于降水（暴雨、积雪融化水）在沟谷或山坡上产生的一种挟带大量泥沙、石块和巨砾等固体物质的特殊洪流，是高浓度的固体和液体的混合颗粒流。泥石流具有突发性强、流速快、流量大、物质容量大和破坏力强的特点，是自然灾害中的主要灾种，每年都造成几亿元的经济损失和几百人至上千人的伤亡，对人民群众生产生活和社会经济发展造成重要影响，因此地处山区的学校必须树立预防泥石流灾害的意识，掌握应对方法。

1.泥石流发生前通常会出现哪些征兆

- 堆积有疏松的碎石、泥土，植被少的陡坡和山谷容易发生泥石流，在暴雨或连续下雨时要警惕。
- 溪流突然断流或洪水突然增大，沟谷发出巨大的轰鸣声或有轻微的震动感。
- 沟侧发生崩塌滑坡等致使沟谷堵塞严重，滑坡可为泥石

地处山区的学校须预防泥石流灾害

流提供物质条件，在滑坡发生后，若长时间降雨，一定要警惕泥石流爆发。

2.遇到泥石流应该如何躲避

向泥石流前进方向的两侧山坡跑，切不可顺着泥石流向上游或向下游跑，不要停留在坡度大、土层厚的凹坡处，尽快寻找稳固的高处躲避。

避开河（沟）道弯曲的凹岸或地方狭小高度又低的凸岸。不要躲在陡峻山体下，防止坡面泥石流或崩塌的发生。

遇到泥石流，向泥石流前进方向的两侧跑

（三）崩塌的避险与逃生

崩塌是陡峭斜坡上的岩土体在重力作用下突然脱离母体崩落、滚动，堆积在坡脚或沟谷的地质现象。崩塌是我国发生频率高、造成危害大的地质灾害之一，也称为崩落、垮塌或塌方。它发生猛烈，速度快，崩塌体运动不沿固定的面或带发

崩塌是我国频发、造成危害大的地质灾害之一

生，致使崩塌具有一定的随机性。

1.崩塌发生前通常会出现哪些征兆

● 崩塌处的裂缝逐渐扩大，危岩体的前缘有掉块、坠落现象，小崩小塌不断发生。

● 坡顶出现新的破裂行迹，嗅到异常气味。

● 偶尔能听到岩石的撕裂、摩擦、破碎、掉落声；出现热、氡气、地下水质、水量等异常变化。

2.发生崩塌时应该如何躲避

如经过危险路段时，要留意警示标志，快速通过，不做停留。去山地户外活动时，不能攀登危岩，要选择平整的高地作为营地；切忌在沟道、沟口或低缓的沟岸处露营，应避开沟道弯曲的凹岸或地方狭小的凸岸。

夏汛时节，在选择去山区峡谷郊游时，一定要事先收听当地天气预报，不要在大雨或连续阴雨天后，且仍有雨的情况下进入山区沟谷出行旅游。大雨或连阴雨后，不要在山谷内停留，不能在凹形陡坡危岩突出的地方避雨、休息和穿行，不能攀登危岩；遇陡崖掉土块或石块，或观察到大石块摇摇欲坠，务必绕行；位于崩塌体下方时，须迅速向两边逃生。

气象灾害

四

- 洪涝灾害避险与自救
- 雷暴天气注意事项
- 沙尘暴天气防护
- 台风灾害避险
- 高温灾害防护

气象灾害是指由气象原因造成的灾害，是自然灾害中最常见的一种灾害现象。近年来，我国气象灾害呈现种类繁多、分布地域广、发生频率高的特点，严重影响经济社会高质量发展和人民群众的生产生活。随着全球气候变暖，极端天气事件发生的概率进一步增大，我国气象灾害的突发性、反常性和不可预见性日益突出，气象灾害的风险日益增加。学校也不可避免地受到所在地气象灾害的破坏，正常教学秩序被扰乱，校园人身安全受到危害、威胁，财产受到损失。

（一）洪涝灾害避险与自救

洪涝灾害包括洪水灾害和雨涝灾害。由于洪水灾害和雨涝灾害往往同时或连续发生在同一地区，有时难以准确界定，所以将这两者统称为洪涝灾害。该灾害在我国分布地域广，出现频率高，来势凶猛，破坏性极大。

我国建立了相应的洪涝预警机制。汛期到来尤其是暴雨来临时，应保持高度警惕，及时关注媒体发布的天气预报与气象预警信息，采取相应的防御措施，做好学校的防灾减灾准备。

1.发生洪水、洪涝时应该如何避险

教室的门槛、门窗是进水部位，应用沙袋、土袋筑起防

线；用胶带纸密封所有的门窗缝隙，可以多封几层；将老鼠洞穴、排水洞等一切可能进水的地方堵死。

如果需要撤离，应听从学校预警指示，带上应急包，统一撤离至高地或就地避险，或使用提前备好的漂浮设备撤离至避难场所；切勿徒步淌过洪水；关掉电源总开关等，以防发生次生灾害；确定安全以前，不要返回学校；撤离中发现高压线铁塔倾斜或电线断头下垂时，一定要迅速远避，防止触电。

如果来不及撤离，就近寻找门板、桌椅、大块的泡沫塑料等能漂浮的材料用于逃生，尽量把身体固定在漂浮物上，以免被洪水冲走；若被洪水围困，想办法发出求援信号，电话求援时应尽量准确报告被困人员情况、方位和险情；发生溺水时可采取仰卧位，头部向后，使鼻部露出水面呼吸，保持镇定，不要将手臂上举乱扑动；千万不要试图游泳逃生，不可攀爬带电的电线杆、铁塔，不要爬到泥坯房的屋顶。

2.溺水时如何自救

溺水后要积极进行自救，以获得救援的机会。首先，要保持镇定、不要慌张，在头脑清楚的情况下可以采取正确的动作来尽可能地获得救治的机会。其次，抓住水面的漂浮物，进行呼救。如果水面没有漂浮物要屏住呼吸、四肢轻轻拨动水让自己漂浮上来，这时候用力将头往上顶将口鼻露出水面获得呼吸。在呼吸时要深吸气、浅呼气，这样能使肺部有多余积气使身体更容易漂浮在水面上，然后进行呼救或者等待救援。会游泳但出现腿抽筋的溺水者更应该保持镇定，可以憋气潜水并通过按摩、搬拉抽筋的腿脚来缓解抽筋现象，这样就可以漂浮在水面获得自救。

（二）雷暴天气注意事项

雷暴是指伴有雷击和闪电的局地对流性天气，发生时常伴有雷击、闪电、龙卷风、冰雹和强降水，持续时间通常不超过2小时。雷暴会给天气带来剧烈变化，并可能成为气象灾害，导致建筑物倒塌，从而威胁行人安全，人还有可能会被雷击中。

别以为雷暴天气离我们很远，其实每年夏天都有不少被雷击的悲剧发生，而且仍在持续上升。这种中小尺度天气系统在预报上有一定的难度，一旦遭遇雷电天气应及时采取防范措施，避免祸从天降。

1.发生暴雨时应该如何避险

预防低楼层教室发生内涝，可因地制宜，在楼门口或教室门口放置挡水板、堆置沙袋或堆砌土坎，危旧房屋或在低洼地区的人员应及时转移到安全地方；室外积水漫入室内时，应立即切断电源，防止积水带电伤人；必要时关闭电源总开关。

立即停止户外活动；在户外积水中骑自行车或行走时，要注意观察，贴近建筑物，防止跌入窨井、地坑等；提防房屋倒塌伤人；遇到路面或立交桥下积水过深时，应尽量绕行，切勿强行通过；雨天校车在低洼处熄火，千万不要在车上等候，应立即下车到高处等待救援。

2.发生雷电时应该如何避险

发生雷电时，不要在户外和窗边使用手机或有线电话；打雷时，不要开窗，不要把头或手伸出窗外，更不要用手触摸窗户的金属架；尽可能地关闭各类电器，尤其是具有信号接收功能的电视机、电话、电脑，并拔掉电源插头，以防雷电从电源线入侵，造成火灾或人员触电伤亡。

若身处室外，听到雷声要立即返回室内；密切留意天气状况，迅速前往安全区域，尽量进入封闭的永久性建筑中躲避；若正在划船或游泳，应立即上岸，到安全的地方躲避；若身在树林，应前往被低矮树丛包围的区域躲避，不要站在空旷区域内孤立的大树底下；在不得已时，可待在低洼的空旷区域；远离高树、高塔、高墙、电线杆和输电线等。

如果头发竖起或皮肤感到刺痛，质量较轻的金属制品开始震动，或闪电与雷鸣只间隔一两秒的时间，应立刻做出防雷击蹲伏姿势：身体下蹲；重心放在脚尖；双脚脚踝紧贴在一起；捂住耳朵。如果有人被闪电击中，要在安全的地方拨打紧急救助电话。遭闪电击中的伤者需尽快接受救治，若伤者停止呼吸或心脏骤停，应由接受过培训的人员对其进行人工呼吸或对其实施心肺复苏。遭闪电击中的伤者身上并不带电，救助他们不会对救助者造成伤害。

（三）沙尘暴天气防护

沙尘暴是沙暴和尘暴的总称。强风从地面卷起大量沙尘，使得水平能见度小于1千米，具有突发性和持续时间较短的特点。这种灾害性天气现象是荒漠化的标志，概率虽小，危害却大。

沙尘暴预警信号分三级，分别以黄色、橙色、红色表示。

沙尘暴天气时做好防护

1.发生沙尘暴时在室内应该如何防护

在教室内应及时关闭门窗，必要时可用胶条对门窗进行密封。室内可以使用加湿器以及洒水、用湿墩布拖等方法保持空气湿度适宜，预防呼吸系统疾病。

2.发生沙尘暴时在室外应该如何防护

上下学时最好使用防尘、滤尘口罩，以减少吸入体内的沙尘。帽子和丝巾可以防止头发和身体的外露部位落上尘沙，避免皮肤瘙痒。风镜可减少风沙入眼的概率，预防角膜擦伤、结膜充血、眼干、流泪。一旦尘沙吹入眼内，不能用脏手揉搓，应尽快用流动的清水冲洗或滴几滴眼药水，不但能保持眼睛湿润易于尘沙流出，还可起到抗感染的作用。

（四）台风灾害避险

台风是热带气旋的一种。是发生在热带或者副热带洋面上的低压旋涡，是一种强大而深厚的热带天气系统。台风也叫飓风，通常在海上形成，移动速度可能缓慢也可能很快。不同地区的台风活跃季节不同，我国所在北半球的台风主要发生在7～10月。台风的破坏力大，会造成很多危害，学校要在台风季之前作好准备，危急时刻才能有效应对。

台风的风力足以损坏甚至摧毁陆地上的建筑、桥梁、车辆等，特别是在建筑物没有被加固的地区破坏更大，最终摧毁家园，致使大量人员伤亡和财产损失。台风可能造成停水停电、食物短缺和饮用水受污染，破坏生计，毁坏交通系统和基础设施。

台风的破坏力大

1.学会识别台风预警信号

学生们如果生活在易受台风影响的地区，平时要做好储备工作。建议家里常备应急包；备好用于保护校舍的材料工具，如沙袋、防洪挡板或塑料板等；多储备一些水、食物和生活必需品。在台风活跃季密切留意最新气象信息及相关应急部门信息。注意收听收看天气预报，了解自己所处的区域是否有台风袭击的动态。获得预警信息后，根据预警调整自己的活动。

	蓝色预警	黄色预警	橙色预警	红色预警
台风产生影响	24 小时内	24 小时内	12 小时内	6 小时内
平均风力	6 级以上	8 级以上	10 级以上	12 级以上
阵风	8 级以上 并可能持续	10 级以上 并可能持续	12 级以上 并可能持续	14 级以上 并可能持续

2.台风来临时应该如何避险

● 收到台风预警后，检查附近是否有易坠落物品，以免因台风坠落地面造成人员伤亡或财产损失。检查门窗是否坚固，可以用胶带以“米”字形加固窗户，以免风力太强击碎玻璃。紧闭固定在窗外的防风遮板、木板或其他防风设备。用塑料瓶存储饮用水，用容量较大的容器存储清洁用水。检查个人用品，包括处方药。将冰箱调至最低温度并关好冰箱门，这样做可以在断电情况下让食物保存得更久。

● 台风来临时，尽量不要出门并且关好门窗，关闭防风遮板。若当地有关部门要求撤离，应按指示及时撤离。若住在高层建筑内，由于高层的风力更强，且地上的淹水会导致灌入地下，应撤离至2～3楼或事先计划的安全避难场所。应按要求或在撤离前有充足时间的情况下，关闭电闸、水和燃气阀门、连接炊具或加热设备的燃气罐，拔掉小家电的插头。如果发生雷雨大风导致房屋进水，应立即切断电源。如在室外，尽快转移至室内，不要在旧房、临时建筑、电线杆、树木、广告牌等地方躲风避雨。不要从比地面低的道路、隧道和地下人行通道经过。台风引发局部暴雨时，河流和水渠有泛滥的可能性，水流会变得非常湍急，绝对不要靠近。

● 台风过后，外出注意破碎的玻璃、倾倒的树，在路上看到有电线被风吹断、掉在地上，千万别用手触摸，也不能靠近，即刻远离并报告电力部门。观察建筑受损情况，远离受损建筑。保持良好的卫生习惯，避免食用可能受到污染的食物和水。

台风过后，注意远离各种危险

（五）高温灾害防护

空气温度达到或超过35℃时称为高温，达到或超过37℃时称为酷暑。连续高温酷暑会使人体不能适应而影响生理、心理，甚至诱发疾病或死亡。夏天长时间暴露在高温中很容易造成中暑，导致昏迷或其他身体不适。教师要指导学生在高温时注意个人防护，避免中暑。

1.遇到高温天气应该如何避免中暑

产生中暑的因素除了气温外，还与湿度、日照、劳动强度、高温环境暴露时间、体质强弱、营养状况、水盐供给，以及自身健康状况有关。中暑是炎热夏季常见的急性热病之一，轻者可出现头昏、头痛、恶心、口渴、大汗、心慌及面色潮红，体温可升高至38℃以上，甚至有血压下降、脉搏增快等虚脱症状；重者表现为高热（体温超过41℃）、无汗、言语及神志不清、手足抽搐及意识障碍等症状；严重时出现休克、心力衰竭、肺水肿、脑水肿等危症。

● 预防高温中暑，除了健康的饮食习惯外，合理的生活习惯也非常重要。注意收听高温预报，合理安排作息时间和饮食。白天尽量避免或减少户外活动，尤其是10～16时不要在烈日下外出运动和劳动。剧烈活动将激活身体能量，增加内部温度。别等口渴了才喝水，口渴表示身体已经缺水了。最理想的是根据气温的高低，每天喝1.5～2升水。出汗较多时可适当补充一些盐水，以弥补人体因出汗而失去的盐分。夏天宜食含水量较高的蔬菜和水果，如生菜、黄瓜、西红柿、桃子、杏、西瓜、甜瓜等。夏季人体容易缺钾，易感到倦怠疲乏，含钾茶水是极好的消暑饮品。乳制品既能补水又能满足身体的营养之需。适当饮用菊花茶能够降温醒脑。

● 夏季昼长夜短、气温高，人体新陈代谢旺盛，消耗也大，容易感到疲劳，充足的睡眠可使大脑和身体各个系统都得到放松，适当晚睡早起，中午宜午睡，既利于工作和学习，又能预防中暑。最佳就寝时间是22～23时，最佳起床时间是5时30分～6时30分。

睡眠时不要躺在空调的出风口和电风扇下，避免直接对着头部或身体的某一部位长时间吹，以免患上空调病和热伤风。

● 室外活动时应戴上草帽、遮阳伞等防暑用具，穿透气性较好的浅色衣服。备有饮用水和防暑药品，如感到头晕不舒服应立即停止活动，到阴凉处休息。浑身大汗时，不宜立即用冷水洗澡，应先擦干汗水，稍事休息后再用稍低于体温的温水冲澡或沐浴。可每隔几小时用自来水冲手腕5秒，因为手腕是动脉流过的地方，这样可降低血液温度。预防因气温高、细菌繁殖加快而造成的感染，避免皮肤被蚊虫咬伤、开水烫伤等。注意饮食卫生。不吃苍蝇叮过的食品，少喝生水。

2.学生中暑应该如何处理

发现中暑症状，立即将他（她）移到阴凉处，松开或者脱掉衣服，让他（她）舒适地躺着，用东西将头及肩部垫高。用冷湿的毛巾敷在他（她）的头部，如有水袋或冰袋更好。将海绵浸渍酒精或毛巾浸冷水擦拭身体，尽量使其体温降到正常温度。可重复使用的冰袋是很好的降低皮肤温度的工具，冰袋里预充的液体有降温效果。测量体温或测患者的脉搏，若每分钟在110次以下，则表示体温仍可忍受，若每分钟在110次以上，应停止使用降温的各种方法，观察约10分钟后，若体温继续上升，再重新给予降温。恢复知觉后，供给盐水喝，但不能给予刺激物。依患者的舒适程度，供给覆盖物。情况严重者应及时拨打120急救电话。

火灾

五

- 校园火灾频发的原因
- 校园不同场所的用火安全

火灾是生活中最经常、最普遍地威胁公众安全和社会发展的主要灾害之一。火灾也是校园中最常见的灾害，师生们均应提高对校园火灾的防范意识和应对突发险情的心理素质。学校严格按照国家和行业标准，加强消防安全管理，定期组织培训，开展实战演练，有效提升火警、火情发生的应急处置能力。

(一) 校园火灾频发的原因

近年来，校园火灾屡屡发生，造成人员和社会财富的损失，也严重地影响了教学、科研进程和社会稳定。

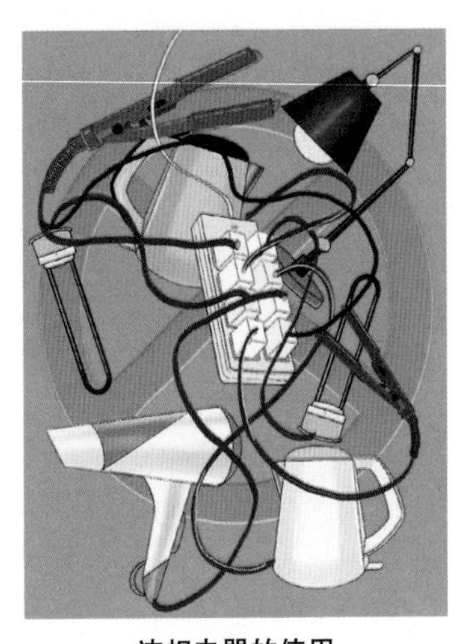

违规电器的使用

● 消防安全意识不足。部分师生认为学校是教学、科研场所，潜心于学习研究，对其他事务关心较少，消防安全意识往往比较淡薄，消防法治观念不强，缺乏防范意识和安全知识，对所在地点的安全通道及逃生路线不能清楚了解。另有少部分同学平日里认为消防器材很好玩，对其使用或破坏，造成消防器械无法正常使用。各种消防意识匮乏的表现成为火灾发生的“助燃剂”。

● 违规电器的使用。用火用电不规范及使用劣质电器产品，可能会因电线短路或超负荷导致电线着火，引燃其他物品。在宿舍使用“热得快”、电吹风、“小太阳”、酒精炉、小家电等违规电器造成火灾，是校园火灾中最常见的起火原因。

● 校园环境复杂。校园中师生密度大、流动性强，校园预留的逃生通道和安全通道有时为了方便管理而关闭，部分消防通道还安装了防盗门。当有突发情况发生时，人员和环境的不可控性也大大增加了校园火灾发生的风险。

(二) 校园不同场所的用火安全

校园场所种类较多、情况较复杂，实验室、宿舍、图书馆、食堂等场所用火安全规则略有不同，如图书馆严禁携带明火入内、厨房后厨燃煤气规范使用等。针对师生常处的实验室和宿舍，更应注意日常用火安全。

● 实验室用火安全。实验室集中了大量的仪器设备、化学药品、易燃易爆及有毒物质。有的实验需要在高温、高压或强磁、微波、辐射等特殊条件下进行；有的需要使用煤气、氧气等压缩气体，工作稍有不慎就有可能引起火灾、爆炸、触

实验室的火灾隐患和消防须知

电、中毒、放射性伤害、环境污染等，造成人身伤亡或财产损失等事故。在实验室进行操作时，要保证实验室前后门口畅通，严禁锁闭安全门，不在楼道、门口堆放杂物。实验室内的变压器、电感线圈等设备必须放置在不燃的基座上，使用结束后应切断电源，不私拉乱接电线。实验室所用的电器、照明设备及多媒体系统，在实验室关闭前应及时断电。在实验室中使用电炉、酒精灯应确定安全使用位置，进行定点使用，周围严禁放置可燃物。

● 宿舍用火安全。宿舍内物品较多，居住宿舍的学生应严禁使用“热得快”、吹风机、电饭煲、电热水器等大功率电器，避免超负荷用电、电路短路或电器过热引燃其他物品。严禁私拉乱接电线，或将电源接线板放在床上。严禁使用明火取暖设备和炊具。在使用完打火机、蜡烛等物品后应注意及时灭火保存，存放在阴凉防火处。靠近窗户的放大镜、眼镜等物品，应避免长时间处于阳光下引燃周边易燃物。宿舍门口、楼道不应堆放杂物，尽量保证人离电断。

交通事故

- 交通安全意识
- 遵守交通法规

交通安全主要包括校内交通安全和校外交通安全。据相关调查，2018年—2019年因交通安全问题而导致的学生伤亡就有2万多名。由此看来，学生是交通活动中非常危险的一个群体，加强交通安全教育，树立交通安全意识，有利于学生平安健康成长，有利于学校、家长的正常学习、工作和教学活动，有利于社会的和谐稳定。

（一）交通安全意识

不管是校内还是校外，发生交通事故最主要的原因是思想麻痹、安全意识淡薄。作为一名在校学生遵守交通法规是最起码的要求。若没有交通安全意识很容易带来生命之忧。

除提高交通安全意识、掌握基本的交通安全常识外，还必须自觉遵守交通法规，才能保证安全。

（二）遵守交通法规

1.步行时应该如何防护

要走人行道，没有人行道的靠路边行走。横过车行道时须走人行横道（红灯停、绿灯行）、人行过街天桥或隧道；如没有交通信号控制，须注意车辆，不要追逐猛跑。横过无人行横道的车行道时，注意避让车辆，不可突然横穿。不要在道路上强行拦车、追车、扒车或抛物击车。不要在道路上玩滑板、滑旱冰，不使用平衡车等滑行工具。不要在道路上玩耍、坐卧或进行其他妨碍交通的行为。不要钻越、跨越人行护栏或道路隔离设施。

步行时须做好防护，知危险会避险

2.乘车时应该如何防护

不要乘坐货运汽车、机动三轮车、拖拉机等没有合法客运资格的车辆。候车时，不可站在车道上，不可追逐。车停稳后，依次上车。招呼出租车时，不可在禁止出租车停车的地方或车行道上招呼出租车。出租车停稳后，从右边上车。乘坐公共汽车、电车时，上车后要往后靠，抓好扶稳。不可将身体任何部分伸出车外，行驶中不可跳车。下车时要注意观察后方车辆，确认没有车辆驶近才下车，下车后不要在机动车道上逗留。乘坐出租车、私家车时，要系好安全带，不可将头手伸出车外，开门下车时要留意其他车辆，不可在路口或禁停路段停车下车。搭乘两轮摩托车时，要戴好安全头盔，不准侧坐或倒坐；驾驶员前边不许载人；不要乘坐没有合法营运资格的摩托车。

乘车时须做好防护，危险动作不模仿

3.骑驶非机动车时应该如何防护

要有自身保护意识，文明骑车，养成良好的骑车习惯。要了解车辆性能，车辆的车闸、车铃等要齐全有效。按规定车道骑驶，遇障碍需借道通行时避让机动车。在路口转弯前减速慢行，观察身后车辆，并伸手示意。按规定停放，听从民警指挥，服从管理。横过车行道应下车推行。

急救常识

七

- 止血方法
- 心肺复苏
- 对骨折伤员的救护
- 伤员搬运
- 急救电话

在灾害中救出的伤员，有的流血不止，有的骨折，有的突然没了心跳和呼吸……而此时，医护人员可能还没有赶到学校，或者医护人员忙不过来。如果我们能够掌握一些基本的急救方法，就有可能减轻伤残，甚至挽救生命。现场急救是救命的第一招。这里介绍一些基本的急救方法。

（一）止血方法

出血，尤其是大出血，若抢救不及时，伤员会有生命危险。止血技术是外伤急救技术之首。常用的现场止血方法有四种，即指压止血法、包扎止血法、加垫屈肢止血法和止血带止血法。使用时根据创伤情况，可以选用一种，也可以将几种止血方法结合一起应用，以达到快速、有效、安全止血的目的。

指压止血法是指较大的动脉出血后，用拇指压住出血的血管上方（近心端），使血管被压闭住，中断血液。如果手头一时无包扎材料和止血带，或运送途中放松止血带的间隔时间，可用此法。此方法简便，能迅速有效地达到止血目的，缺点是止血不易持久。

包扎止血法一般适用于无明显动脉性出血的情况。小创口出血，有条件时先用生理盐水冲洗局部，再用消毒纱布覆盖创口，以绷带或三角巾包扎。无条件时可用冷开水冲洗，再用干净毛巾或其他软质布料覆盖包扎。如果创口较大而出血较多时，要加压包扎止血。包扎的压力应适度，以达到止血而又不影响肢体远端血液运行为度。严禁用泥土、面粉等不洁物撒在伤口上，造成伤口进一步污染，给下一步清洗带来困难。

加垫屈肢止血法是适用于前臂和小腿部位的临时止血措施。可于肘、膝关节屈侧加垫，屈曲关节，用绷带将肢体紧紧地缚于屈曲的位置。

止血带止血法用于较大的肢体动脉出血，且为运送伤员方便起见，应用止血带。先在用止血带的部位放一块布料和纸做的垫子，然后用三角巾叠成带状，或用手帕、宽布条、毛巾等方便材料绕肢体1～2圈勒紧打一活结，再用笔杆或小木棒插入带状的外圈内，提起小木棒绞紧，将绞紧后的小木棒插入活结的环中。上止血带后每半小时到一小时放松一次，放松3～5分钟后再扎上，放松止血带时可暂用手指压迫止血。上止血带后，应做出明显标记，记录上止血带时间，并争取在1～2个小时内送到医院。

（二）心肺复苏

心肺复苏是当被救者心跳呼吸停止时采取的急救措施，包括人工呼吸和胸外心脏按压。判断被救者刚刚停止心跳和呼吸后，就必须立即在现场进行心肺复苏。只有恢复其心跳和呼吸，才能挽救生命。心肺复苏的主要做法是：

打开气道，进行口对口人工呼吸。操作前必须先清除病人呼吸道内异物、分泌物或呕吐物，使其仰卧在质地硬的平面上，将其头后仰。抢救者一只手使病人下颌向后上方抬起；另一只手捏紧其鼻孔，深吸一口气，缓慢向病人口中吹入。吹气后，口唇离开，松开捏鼻子的手，使气体呼出。观察伤者的胸部有无起伏，如果吹气时胸部抬起，说明气道畅通，口对口吹气的操作是正确的。

施行胸外心脏按压。让病人仰卧在硬板床或地上，头低足略高，抢救者站立或跪在病人右侧，左手掌根放在病人胸骨的1/2处，右手掌压在左手背上，指指交叉，肘关节伸直，手臂与病人胸骨垂直，有节奏地按压。按压深度成人为4 ~ 5厘米，每分钟100次左右。每次按压保证胸廓弹性复位，按下的时间与松开的时间基本相同。人工呼吸和胸外心脏按压要按照2∶30的比例进行，即每进行2次人工呼吸，接着进行30次心脏按压，中断时间不应超过10秒。如果现场仅有一人施救，那么抢救者既要做人工呼吸，又要做心脏按压。如果现场除伤者外，有两人或两人以上，那么最好一人施行人工呼吸，另一人做胸外心脏按压，每2分钟完成5个周期的心脏按压和人工呼吸（每个周期30次心脏按压和2次人工呼吸）后互相交换，防止按压者疲劳，保证按压效率。

（三）对骨折伤员的救护

大的灾害往往造成大量人员伤亡，受伤者中以骨折病人为多。现场救护正确与否，不仅关系到治疗效果，而且还关系到病人的生命安危。如果我们在现场，该如何施救呢？

对骨折或疑为骨折的伤员不应轻易搬动。原则上就地取材，就地固定。可用木板、竹片、粗硬树枝等作为外固定物。上肢骨折固定材料要超过肩、肘、腕部，下肢要超过髋、膝、踝关节。如果身旁确实没有什么可以利用的外固定物，也可以利用自身肢体来固定。对于上肢，将伤肢伸直置于身体一侧，用3条布带将伤肢连同躯干绑在一起。对于下肢，将两腿伸直，两腿之间空隙用衣物填塞起来，再用几条布将两腿绑在一起，这样能达到临时固定、减轻疼痛、避免再损伤的目的。搬运脊柱损伤的伤员时一定要特别小心，必须让伤员的脊柱保持平直，不然容易造成瘫痪。

（四）伤员搬运

由于学校人口密度大，大的灾害事故发生后，很可能使很多人受到伤害。师生掌握搬运伤员的正确方法，可以使伤员尽快脱离危险区，及时送到医疗救护站得到专业医疗，防止损伤加重，从而最大限度地挽救生命，减轻伤残。伤员宜躺不宜坐，昏迷伤员应侧卧或头侧位。严密观察伤员神情，保护好颈椎、脊柱和骨盆。

伤员搬运的具体方法有扶行法、双人搭椅法、担架搬运法、床单（被褥）搬运法。对危重伤病员的搬运要特别小心。脊柱、脊髓损伤的伤员要采取四人搬运法。

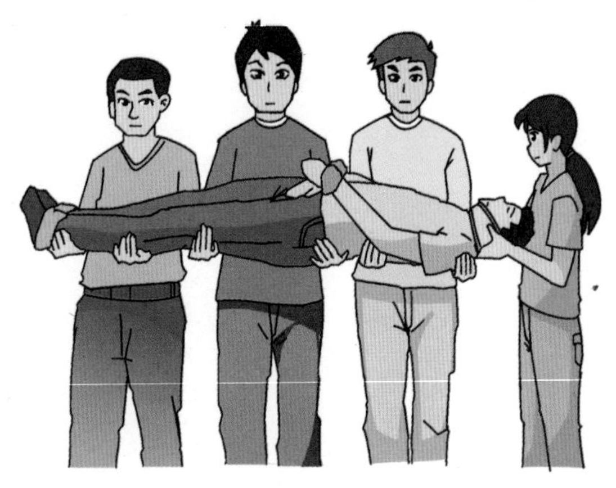

四人搬运法

（五）急救电话

为应对各种灾害和突发事件，国家设立多种报警电话，不仅方便了人们的求助，而且有效提高了应急应对能力。如果在灾害中受伤，拨打急救电话是急救的第一步。所以既要熟记急救电话号码，又要知道如何有效地拨打急救电话。

1.常用报警电话号码

- 110公安报警电话；
- 119中国大陆消防报警电话；
- 120中国大陆医疗急救电话；
- 122交通事故电话；
- 12322防震减灾公益服务热线。

2.报警电话的使用方法

- 就近就地报警，越快越好。
- 手机拨打报警电话，无须加区号。
- 在欠费状态下，固定电话、手机可直接呼叫所有紧急救助电话。
- 110、119、120、122四台联动，遇到重大灾害时，拨打任何一个报警电话都能得到帮助，但必须讲清楚需要什么性质的救助。

110——报警　　　　**119——火警**

120——急救

122——交通事故报警

● 拨打报警求助电话，要争分夺秒，语言表达简明扼要、准确无误。因此，报警者一定要保持冷静，抓紧时间把事情说清楚，以便得到及时救助。

● 拨打报警电话，一定要讲清楚所在区、街道、门牌号等详细地址。报完警后要有专人在路口等候警车、救护车的到来，以便迅速、准确地到达地点，投入救助。